大鼻子
趣味博物馆

[法] 范妮·佩吉奥德 著/绘　王冠 译

童趣出版有限公司编译　人民邮电出版社出版

北　京

图书在版编目（ＣＩＰ）数据

大鼻子趣味博物馆 / （法）范妮·佩吉奥德著、绘；
童趣出版有限公司编译；王冠译. -- 北京 ：人民邮电
出版社，2020.8
　　ISBN 978-7-115-53873-4

Ⅰ. ①大… Ⅱ. ①范… ②童… ③王… Ⅲ. ①动物—
少儿读物 Ⅳ. ①Q95-49

中国版本图书馆CIP数据核字(2020)第067108号

著作权合同登记号　图字：01-2019-6751

《Fanny Pageaud, Musée des Museaux Amusants, ©L'Atelier du Poisson Soluble 2018》
Simplified Chinese language Edition arranged through Ye-ZHANG Agency and Daniela Bonerba.

责任编辑：吴　卉　　执行编辑：加旖旋　　责任印制：李晓敏
封面设计：穆　易　　排版制作：北京天琪创捷文化发展有限公司

编　　译：童趣出版有限公司
出　　版：人民邮电出版社
地　　址：北京市丰台区成寿寺路 11 号邮电出版大厦（100164）
网　　址：www.childrenfun.com.cn

读者热线：010 - 81054177
经销电话：010 - 81054120

印　　刷：天津海顺印业包装有限公司
开　　本：787×1092　1/16
印　　张：5
字　　数：85 千字
版　　次：2020 年 8 月第 1 版　2020 年 8 月第 1 次印刷
书　　号：ISBN 978-7-115-53873-4
定　　价：68.00 元

你的鼻子是什么形状的？

快来看看我奇特的**鼻子**吧，

你猜到我是谁了吗？

我的鼻子肥又大

我的俗名不仅和我生活的地方有关，也形象地描绘了我这个奇形怪状的鼻子。平时，我喜欢把它高高竖起来向别人炫耀。你知道吗？我的鼻子能长到30厘米长呢！

我的鼻子像个小喇叭，当我要显示我的威严时，就会让它膨胀起来，形成一个共鸣箱，这样，我的吼声经过鼻子时就会变得更洪亮。我的鼻子越凸起，就越能震慑住我的同类。

作为雄性，我的体形一般是雌性的3~4倍。而且，如果我当上了族群的头领，那么我就可以拥有数十位雌性配偶。由于经常被对手用头部和尖牙攻击，我厚厚的皮肤上布满了大大小小的伤疤。但是，如果有人胆敢觊觎我的配偶们，我还是会毫不犹豫地与之战斗到底！平时，我会密切关注我的配偶们，因为人们常说"人远情疏"。在感情方面我可是很敏锐的哟，绝不会轻易受骗！

我在水下依然可以看清事物，而且，我的触须可以探测水中的微小振动，这使我能够在黑暗的深水中追赶移动中的猎物。我喜欢吃的食物有鱼和乌贼。我还有另外引以为傲的特长，那就是动物界里游泳和潜水的好手！我能够到达大部分动物都无法企及的深度，还可以在水中憋气几十分钟甚至一两个小时呢！我并不惧怕寒冷，因为我的皮下有厚厚的脂肪层，厚度有时可达10厘米。嘿嘿，我得向你坦白，其实我有那么一点点胖哟！

我一生的大部分时光都在南半球靠近南极洲的水域中度过，但到了求偶季节（当然，随之而来的还有那没完没了的争斗）和蜕皮期，我就会待在亚南极地区温暖的海滩上。每年，我都会换一层新皮，蜕皮期一般会持续一个多月。在此期间，我们没事儿就会一起去泡个泥浆浴，舒服一下。

我是海豹科中体形最大的动物，我的名字可以使你联想起另外一种有着大大耳朵、为人熟知的哺乳动物。现在，你猜出我是谁了吗？

1. 俗名（或称"地方常用名"）是指一个物种（动物或植物）在当地语言中的常用称谓。与之相对应的物种的学名一般均出自于拉丁语（或希腊语），并为所有国家所通用。

2. 触须又称触角，是指某些有爪动物、节足动物或是软体动物等生长于头部的一种感觉器官。大部分都生长于头部的两侧，具有听觉、触觉以及嗅觉等功能。

3. 蜕皮（换毛）是指某些动物身上长出新的皮毛、羽毛或角质物的过程。有些动物每年都会经历这个过程，而有些则只是在其生命中的某段特定时期内完成。

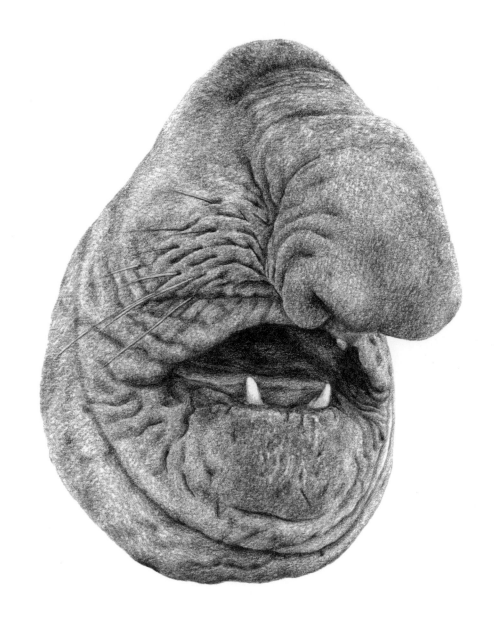

我就是
南象海豹

我的鼻子在高处

我的存在打破了动物界的多项纪录。俗话说："站得高，看得远。"我是动物界中有名的"高个子"，长在高处的鼻子也跟其他哺乳动物一样，能在每一次呼吸中探寻那些飘进鼻孔的气味。而我的舌头，每当我把它伸出来时，人们都会惊讶地张大了嘴，它最长能达到约50厘米，表面粗糙坚韧，呈青黑色。有了它，我很容易就能挖到我的鼻孔，嗯……真的好舒服啊！不过，更多的时候，它的用途还是获取食物。我会把舌头伸进长满刺的洋槐枝叶中，那是我很喜欢的食物。我选择那些新鲜可口的嫩枝，用柔软的嘴唇和灵活的大舌头把它们采摘下来，然后再将它们送进嘴里。

我是一种不打哈欠的哺乳动物，我睡得也很少。如果实在累了，我会站着眯一会儿。我很少躺着，原因显而易见，因为我需要很长的时间才能重新站起来，如果这时有捕食者突然靠近，我将毫无还手之力，只能坐以待毙。

我喝水的姿势看上去确实很可笑，但请你们想象一下，如果你的前腿接近3米长，并且比后腿长很多，你俯身喝水时或许也是这个样子。不过，说实话，我不太喜欢这个姿势，因为我必须加倍小心，那些胆小的狮子可能会趁机从背后偷袭我。所以，除非渴得受不了，否则我是不会冒这种险的。

再向你透露一个关于我的秘密，我的心脏重达10千克，这是为了将我的血液顺利送达大脑。因为只有这样强大的心脏，才能将血液泵上5米的高度！我的特点非常明显：皮毛上布满花纹，四肢修长，走起路来摇摇晃晃，脖子奇长无比。古希腊人因此把我误认为是骆驼与豹杂交后的产物，并给我起名为"豹驼"……我不想讲别人的坏话，但是，我真想知道是谁想出的这个馊主意！

我的家位于东非地区和南非地区的大草原上。而在西非地区，你已经很难看到我们的身影了，但是我们依然执拗地守护着那里仅存的栖息地。此外，我还是非洲动物的象征，这一荣誉一直让我倍感骄傲。

怎么，还是毫无头绪吗？我知道你不会那么轻易认输的！还是猜不到吗？好吧，翻到下一页，你就知道我是谁了。

哺乳动物又称兽类，是动物界进化地位最高的自然类群。它们的共同特征是：身体被毛、体温恒定、胎生（单孔类例外）和哺乳。现存哺乳动物分属两个亚纲：原兽亚纲和兽亚纲。原兽亚纲包括卵生兽类，例如针鼹和鸭嘴兽。兽亚纲包括胎生兽类，它又分为两个次亚纲：后兽次亚纲和真兽次亚纲。后兽次亚纲包括各种有袋类。真兽次亚纲包括各种有胎盘类，广布世界各地。

我就是

长颈鹿

我的鼻子开花了

我是一种小小的掘地动物，小到可以站在你的手掌上（当然，前提是你愿意摸我）。我的鼻子虽然只有1厘米宽，但外形却非常诡异，上面生长着大大小小22只触手，它们呈放射状！我的俗名也是因这些触手而得来的。

和我的亲戚们一样，我的视力并不好。其实，在我们这个家族里，大家都是出了名的近视眼。但我的嗅觉及触觉却异常发达，这都要归功于我的鼻子和那些小小的、像手指一样挥舞着的触手。在它们上面，生长着数以万计的感受器，这些感受器帮我感知及探索周围的世界。

当我专心挖掘我的地下迷宫或是在水中游泳时，我会用触手紧紧地盖住鼻孔，防止灰尘或水进到鼻子里。当我找东西吃时，我也不会睁开双眼，而是利用鼻子上那些"小手指头"来触摸并判断猎物的种类。我的菜谱上有小的水生昆虫、软体动物以及甲壳动物。不过，我最喜欢吃的还是蚯蚓，它们才是我的家常便饭！我还有一个谁都学不来的独门绝技，那就是动物界中最快的吞咽速度，几毫秒的时间就足够我把猎物吞到肚子里。

听我这么说，你们是不是觉得我很神秘？其实，我并不是你们想象中的什么外星人的后代，相反，我是一种普通到不能再普通的陆地动物，我几乎能适应所有的生活环境。在地上、地下及水里都能活动自如。偶尔，你还能看见我在雪地上撒欢儿打滚儿。如果想来找我玩，你们可以去加拿大东部和美国最北部的湿润地带及沼泽。对了，我在北美洲还算得上是小小的明星呢！

我掐了掐我的"小手指头"算了算，你好像还不知道我是谁，对吗？

掘地动物是一种在泥土或沉积物中挖掘洞穴及通道的动物，其挖掘的主要目的是觅食及居住。

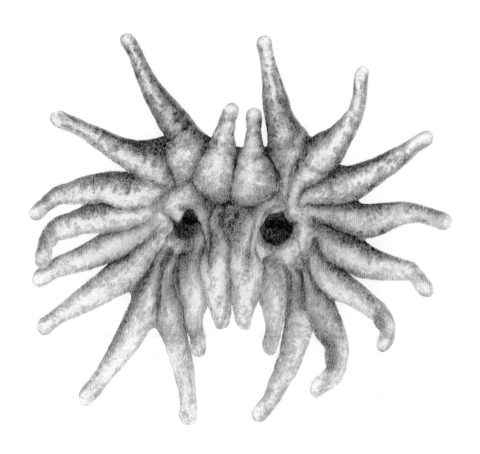

我就是
星鼻鼴

13

我的鼻子像石头

不同于我那些嚼着青草、啃着泥土、长着一张扁平大嘴的近亲们，我是一种不折不扣的"食叶动物"，我的主要食物是树叶、嫩芽及刺槐的枝干。我的上嘴唇尖尖的，觅食时，它就像你们人类的手指一样灵活，把食物从树上摘下来。虽然我的食物有时会非常难咬并长满倒刺，但我并不惧怕，因为我的嘴里铺满了厚厚的角质保护层。我的牙齿也非常坚固，足以嚼碎那些木本植物的枝干。

实话告诉你，我的视力很不好，但我一点儿也不担心，因为我拥有发达的嗅觉！别看我的鼻子像石头一样，它可以帮助我辨明方向，并探索周围的世界。

我平时很独立，你很少能见到我的同类成群结队地走来走去。我甚至很少陪伴我的配偶。只有当妻子有了小宝宝后，我才会寸步不离地照顾它。所以，你们眼中的浪漫和温柔在我身上很难找到。在追求异性时，我甚至显得有一点儿粗鲁。我并不会装模作样地准备鲜花什么的。不过说起准备，我也会准备一些东西，更具体地说，是用粪便和尿来创作一些"作品"。我会一边低声吼叫，一边小心地将我这些气味浓郁的"作品"散布到各处，为的就是显示我的威严和实力。这种气味会持续长达数小时，因为女士们通常都是十分挑剔的，必须要讨得它们的欢心才行。

我的家位于非洲的中部地区和西部地区。在野生环境下，我几乎没有天敌。但是泛滥的偷猎一直是我生存的头号威胁。因为在一些地区的文化中，我的角有一种令人兴奋的神奇功效，因此极具商业价值。

我的学名来自于我鼻子上方高高凸起的两只角，它们最大能长到几十厘米长呢。它们的主要成分是角蛋白——就是构成你指甲的成分。我会时不时地在树上磨磨它们，让它们时刻保持锋利。我们同类之间很少打斗，但偶尔也会切磋一下，所以，我必须使我的角长得又长又尖，才能应付凶残的争斗。现在，你猜到我是谁了吗？

木本植物（乔木、半灌木及灌木）由木质素构成，木质素是木头的主要成分，能够为其提供必要的坚固性和强度。

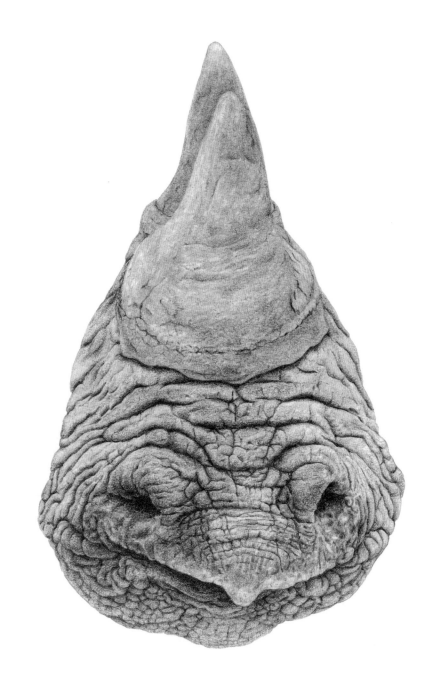

我就是

黑犀

我的鼻子红通通

我的名字来自于我那个又大又软的鼻子。在我的一生中，它一刻不停地长啊长。有时，它长得实在太大，害得我吃东西时必须把它拨到一边去。我承认，这是有些不方便。但我的鼻子越大，就越能引起姑娘们（它们的鼻子短小并微微上翘，远没有我的鼻子那样显眼）的关注。如果我看出它们之中有对我有意思的，我的鼻子就会像樱桃一样红！

当不安或者想吸引别人注意时，我就会让我的鼻子鼓起来，变成一个共鸣箱。通过它，我可以发出各种各样的叫声，不管是求偶的、警告的，还是宣战的，都难不倒我！

我是个素食主义者，主要食物是树叶、果实和种子。我的家在红树林中，在那里，人们都说我是勇敢的"杂技演员"，因为我喜欢在树冠的最高处荡啊荡，从一棵树荡到另外一棵树。通常，我都是粗略地瞄准一根树枝，然后纵身一跃！当然，这很危险，

说不定一不小心我就掉下去了。但不用怕，因为我能轻易从超过 10 米高的地方跳下来。在我的近亲里，我是唯一学会了潜水和游泳的，而且，如果我感觉自己受到了威胁，就会毫不犹豫地跳进水里。我甚至还能一边憋气一边游泳。在大体形猴类中，我们也是为数不多的能够用两足直立行走的成员，就像你们人类一样。

人们称我为"长鼻子"或"喇叭猴"。好吧，不过我想说，既然我生活在加里曼丹岛（亚洲），那为什么不能叫我"加里曼丹的大鼻子"之类的呢？在这片土地上，我真正的威胁来自于捕猎及被破坏的生存环境。时至今日，我的栖息地仍在一点儿一点儿地缩小。而我却只能和我的近亲——婆罗洲猩猩，以及这片土地上的所有居民一起生活。

你猜到我是谁了吗？

1. 红树林分布在热带及亚热带的沿海地带，树木通常生长在水边或水中。

2. 树冠是乔木树干的上部连同所长的枝叶，由于其状如冠，所以称为树冠。

3. 婆罗洲猩猩是一种大体形灵长目动物，其显著特点是橘黄的毛色，下颌部长有胡须，现已濒危。

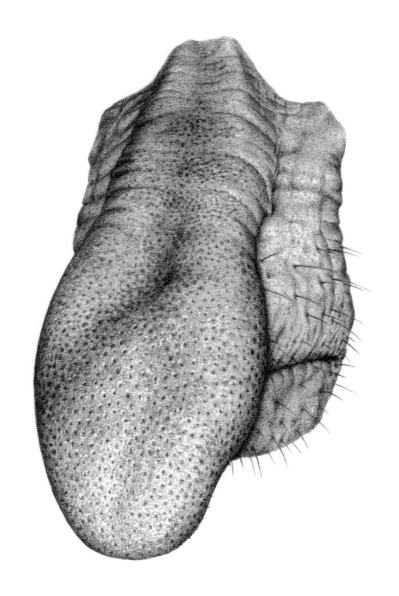

我就是

长鼻猴

我的鼻子 宽又深

我是地球上现存最大的鱼类，也是海洋巨型生物的代表。我的身长为4～14米，体重可达10吨。除了我的体形，深褐色的皮肤和上面大量的白色斑点也是我的特征。

我的头扁扁的，眼睛在头的两侧。我的鼻孔位于上唇的两侧。虽然我不像我的鲨鱼兄弟那样对血腥味异常敏感，但若想享受一顿美餐依然离不开灵敏的嗅觉。我有一张巨大的嘴，宽度能达到2米。换句话说，我可以把你整个吞下去。不过别害怕，别看我嘴长得大，我却没有攻击性。实际上，我只吃海里的浮游生物、各种小鱼、乌贼以及甲壳动物。我有很多非常细小的牙齿，但它们并不是用来咀嚼的，这可能是进化过程中遗留的产物，是来自祖先的纪念品。

我有5对鳃，它们不仅用于呼吸，也用来过滤食物。在游泳时，我会将嘴张大，海水就会进入我的嘴里，这时，我的鳃就像筛子一样，将那些微小的食物留在我的嘴里。然后我闭上嘴，让海水通过鳃裂排出来。完成这些之后，我就可以安心地大快朵颐了！由于我的躯体庞大，我每天能吃掉大约1吨的浮游生物。平均每小时能过滤掉大约2000升海水。

和我那些令人畏惧的近亲，比如大青鲨、锯鲨、双髻鲨、灰鲭鲨、虎鲨、睡鲨和姥鲨一样，我背上的鳍也很有鲨鱼的特点。不过，考虑到我硕大的体形、独特的饮食习惯和模棱两可的名字，你也可能会误认为我是鲸类动物。

我生活在热带水域，以及太平洋、印度洋、大西洋的温暖水域之中。如果你有机会与我相遇的话，别害怕，我会安静地陪着你，是不会把你吃掉的。

你已经猜出我是谁了吗？怎么样，是不是目瞪口呆了？

1. 巨型生物即大体形动植物物种的总称。

2. 浮游生物由所有小形水生生物构成，分为浮游植物（例如微小的藻类）和浮游动物（由微小动物构成，例如以浮游植物为食的虾类等）。

3. 鳃是鱼类的呼吸器官，可以吸收水中的氧气。

4. 鳃裂是鱼类呼吸器官的外开口，位于鱼类的头部两侧。海水通过鳃后由鳃裂排出体外。

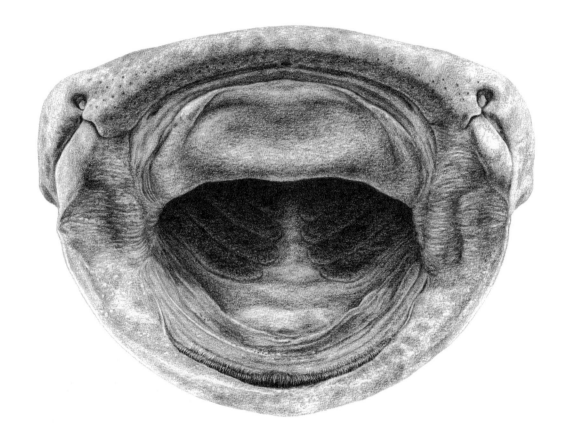

我就是

鲸鲨

我的鼻子很敏锐

我是一种驯化的家畜，人们在谈论我时会用到"鼻子"和"嘴"这样的字眼，这样的待遇在动物界里可不多见。我的毛色有很多种，十分漂亮，有时人们还会给我梳上精致的小辫子。我和大象以及长颈鹿有一个奇怪的共同点：我们都可以站着睡觉。这是为了一旦出现危险，我们可以在第一时间拔腿就跑。

我的双眼长在头的两侧，这样的构造给了我很宽阔的视野。但不便之处在于，我无法看清鼻子下面以及正前方的事物，这经常搞得我晕头转向。幸运的是，我的嘴唇上进化出了具有感知能力的毛发，如果我离障碍物太近，这些毛发就会及时提醒我，以防止我在吃东西时撞上去。

我的嘴唇很软，并且十分灵活，它可以让我熟练地挑拣食物。我在食物的选择上可是很挑剔的，如果我不喜欢嘴里的食物，我就会让它们通过门齿与臼齿之间的缝隙漏出去，因为

那里的牙龈处不长牙齿。至于那些留下的美味，我会用牙齿和舌头一起，将它们均匀地搅拌并磨碎，然后再咽下去。你知道吗？身为植食性动物，我最喜爱的就是青草和干草啦！在我的40多颗牙齿中，最厉害的是12颗健硕的门齿，它们可以让我风卷残云般地将整片草场"打扫"干净。什么，你猜我是牛？才不是呢！虽然我经常咀嚼，但我和反刍动物可没有半点儿关系。

我曾是在全世界范围内被广泛使用的交通工具，并被世人所熟知。而现在，我好像只会出现在体育比赛、表演及休闲娱乐活动中了。但是，在很长一段时间里，我的作用是非常重要的。我曾经长期服务于农业、交通及军事领域。我的丰功伟绩还被你们记录在多幅名画及多个雕塑作品中（当然，那些骑着我的骑士的功绩更不可磨灭）。

因为我名气太大，而且太具有传

奇色彩，所以我毫不怀疑你们已经认出我是谁了。

家畜是人们为获取畜产品和畜力而饲养的经过驯化的动物，又称农畜。家畜均源于野生动物，在人类的控制和干预下，已经按人类需要发生了根本性的变化，如性情更温顺、能适应人类为其提供的饲养管理条件与环境等。家畜种类有：猪、奶牛、黄牛、马、驴、骆驼、绵羊、山羊等。

我就是

马

我的鼻子很气派

我名字的意思是"河里的马"，但我可没有像马那样可人的脸蛋儿和曼妙的步伐。关键是，同为吃货，它们的身材倒是比我苗条不少。我看起来更像是一头牛……我的性格喜怒无常，十分危险，就连我的邻居——可怕的鳄鱼，也要对我避让三分。

我是个出了名的"哈欠精"，所以，我平时有很多机会来向你显摆我满口的好牙。我的上下颌非常强壮，能够张开至150度。我的门齿和犬齿不断地生长，最长能超过50厘米。这意味着我的一颗牙齿就抵得上一根法棍面包的长度！但是，如此巨大的牙齿却不是为了填饱肚子而生的。事实上，它们的用途是为了互相争斗或是震慑别人。我真正负责咀嚼的部位是那一双宽大又坚硬的嘴唇。

除了鼻尖处具有感觉能力的毛发以外，我浑身上下都是光秃秃的，看起来就像一个胖胖的巨婴。当天气炎热时，我喜欢泡在水中，我用这种方式避免脱水。通常，我都是在夜里才爬回陆地上觅食。和青蛙等两栖动物一样，我的眼睛、耳朵和鼻孔全都长在头顶上，这样就可以使我在身体浸入水中后依然能够看见事物，并时刻观察四周的动静。当我的身体全部没入水中时，一个阀门似的盖子会将我的鼻孔完全盖住，这样我就可以憋住气，自由地在水下活动了。

我的领地意识很强。我经常会用粪便和尿将属于我的地盘标记出来，就像一个有气味的栅栏一样。所以，下次经过我家时，你可要小心了！我是不会对任何胆敢闯进我领地的人客气的！我生活在非洲的热带及亚热带地区，但在两三百万年前，我的祖先们就已经跋山涉水到达欧洲了！

猜到我是谁了吗？大声说出我的名字吧。

两栖动物的主要特征为个体发育周期有一个变态过程，即幼体以鳃呼吸，在水中生活，然后通过变态转变为以肺呼吸在陆地上生活的成体。该类动物既继承了鱼类适应水生的性状（如卵、幼体的形态以及产卵方式等），又有新生的适应陆栖的性状（如感受器、五趾型附肢和呼吸、循环系统等）。

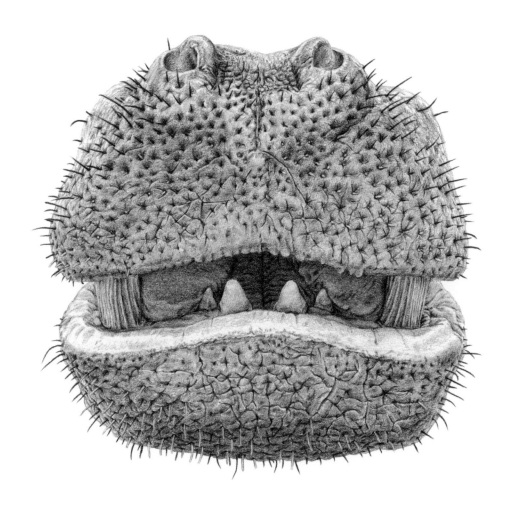

我就是
河马

我的鼻子像鸟嘴

我的名字在希腊语中意为"鸟嘴"，我是一种下蛋的……哺乳动物。对，你没看错，下蛋的哺乳动物！我是自然界中的一朵奇葩，皮毛像河狸、爪子像水獭、嘴像鸭子。难怪首次发现我的自然学家会质疑我这个物种是否真的存在。我还是哺乳动物中罕见的自身会分泌毒液的物种。雄性的后腿上会长出能够释放强力毒素的针刺，这种能力在蹼足动物中是非常少见的。

身为半水生动物，我很担得起"游泳健将"这个称号，这都要归功于我脚上的蹼，以及那条像船舵一样的尾巴。我的鼻孔长在鼻子的最前端，这是为了在游泳时能将鼻孔伸出水面呼吸。而在潜水时，我的眼睛和耳朵会完全闭起来。这样一来，我在捕猎时就会面临"又聋又瞎"的尴尬局面，很不方便发现猎物。不过不用担心，我进化出了先进的"电子探测

系统"——我的鼻子，它可以接收到猎物产生的电场。怎么样，听起来是不是很科幻？或许是某种神秘的第六感呢？我的食谱上记录着淡水虾、昆虫的卵和幼虫以及蠕虫等。捕食时，我会用鼻子来搅动河床上的泥沙，把食物从里面翻出来，或者在游泳时追上并吃掉它们。

我会先把食物储存在颊囊中，等我悠闲地躺在水面上，或是在河岸上享受着难得的片刻清静时，再慢慢地享用。我没有牙齿，我用上下颌的内层来咀嚼食物，它们就相当于我的臼齿。

我一生将近半数的时间都在觅食。平时，我都在夜间活动，而白天我会藏在我挖的洞穴中休息。如果有兴趣的话，你们可以到澳大利亚东部地区的小溪中，还有塔斯马尼亚岛上找我。

哈哈，想知道我是谁，你并不需

要第六感。翻到下一页，答案就一目了然了。

1. 自然学家是研究自然科学的科学家，他们的工作涉及很多方面，诸如对物种进行探索、勘察、记录、描述及分类等。

2. 蹼足动物指的是脚上有蹼的动物，例如鸭子。

3. 颊囊是位于某些哺乳动物头部两侧的可伸展的袋状结构，通常位于面颊与下颌之间，为储存食物之用。

我就是

鸭嘴兽

我的鼻子很"恐怖"

我的名字可以使你联想起一个令人生畏的经典人物，但这个名字更多是取自于我特殊的进食习惯。我是一种吸血动物，换句话说，我靠吸食鲜血为生。不过别担心，我说的血是那些合我口味的牲畜的鲜血，我极少吸食人类的血。除非，对你心怀怨恨……

我在夜晚悄悄接近熟睡中的猎物。正如家族中的其他成员一样，我也有一套"高科技装备"，那就是回声定位！我会发射超声波探测障碍物，这部"雷达"就像我的眼睛一样，使我对周围的环境了如指掌，也使我能够毫不费力地在黑暗中穿行。和我那些只会在空中逍遥的近亲不同，我不仅会飞行，还能在陆地上灵活地行走甚至跳跃。

我的鼻子里有一副热感受器，可以帮我发现猎物身上纵横的血管。只要我嗅到了脉管中涌动的美味，我就可以亮出我的"餐具"——如剃刀般锋利的切齿！接着就开始饱餐一顿了，在这个过程中，猎物不会有任何感觉。我的唾液中含有抗凝血的物质，能够让它们的伤口在几小时内不停地流血，在此期间我可以高枕无忧地享受美味并补充体力。

在传说中，我通常被演绎为一个恶魔的形象。而实际上，我是一种高度社群化的动物。我随时准备与我的同类们分享食物，如果它们有需要，我会将我吞下的血液吐出来喂给它们。

我是群居动物，分布于拉丁美洲，从墨西哥一直到阿根廷北部的广阔地带都是我们的栖息地。平时，我喜欢躲藏在洞穴里、树上以及废弃的建筑物中。

还没猜到我是谁吗？快翻到下一页寻找答案吧。

1. 超声波是一种高频声波，人耳无法听到。

2. 雷达运用肉眼不可见的波来探测物体的位置及其移动速度，这种仪器多用于航空及航海管理中，旨在避免两架飞机或两艘船在飞行或航行时相撞。

3. 抗凝血的物质（如抗凝血剂）能够使血液一直处于液体状态，并阻止其凝固。

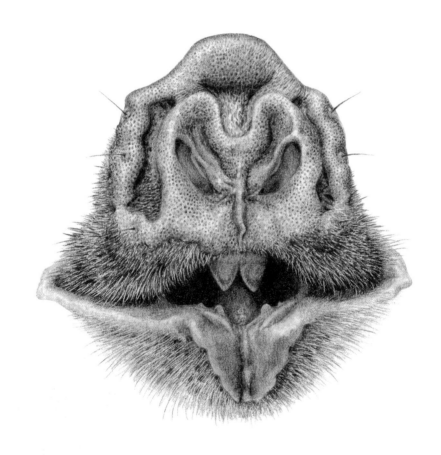

我就是
吸血蝠

我的鼻子像小手

别看我喜欢泡在泥浆里，而且长得像头野猪，但我和猪并没有什么关系。实际上，我与犀牛和马的亲缘关系更近。怎么样，很惊讶吧？

我的鼻子有抓握能力。它末端弯弯的，就像一只小手，使我能抓住树上的树叶、嫩芽、果实及种子等。作为植食性动物，这些几乎就是我的所有食物。我的牙齿能够完美地切下树枝，还能剥开果壳。在森林中，人们都叫我"辛勤的园丁"，因为我的粪便能四处播撒种子并为它们的生长提供肥料。我的粪便真的很神奇，我一天天长大，通过我的粪便完成传播的种子也在慢慢生长！

我头上的鬃毛让我的发型看起来很"朋克"，它们通常是棕褐色的，不同于我那些毛色酷似大熊猫的马来西亚亲戚。我性格多疑且孤僻，大多在夜间活动。而白天，我一般都待在水中或是泥浆里，这样做既能保持身体凉爽，又能弄掉身上的寄生虫。更重要的是躲避陆地上的猎食者，例如美洲豹和美洲狮。我灵敏的听觉和嗅觉能让我预知各种危险，当有危险发生时，身为游泳高手的我会毫不犹豫地跳进水中。幸运的是，那些"大猫"却一个个都是旱鸭子。但别以为逃到水中就万事大吉了，饥肠辘辘的鳄鱼和蟒蛇可能已在一旁埋伏多时，我还要注意千万别碰到它们。

除了陆地上的"大猫"和水里的"大嘴"，人类的肆意捕杀和砍伐森林同样威胁着我的生命。我生活在南美洲的热带雨林及潮湿地带中，那里大规模地推广农业和畜牧业，正在将我的群落生境一点点缩小。人们捕杀我不只为了吃我的肉，更主要的是因为我觅食时可能对他们的耕地及菜园造成破坏。

猜到我是谁了吗？你现在已经很接近谜底了呢！

1. 抓握能力是指能够抓住并拿取物体的能力。

2. 群落生境指的是一种自然地域类型，它可以容纳该地域中能够共存的生命形式（动物、植物、微生物等）的总和。

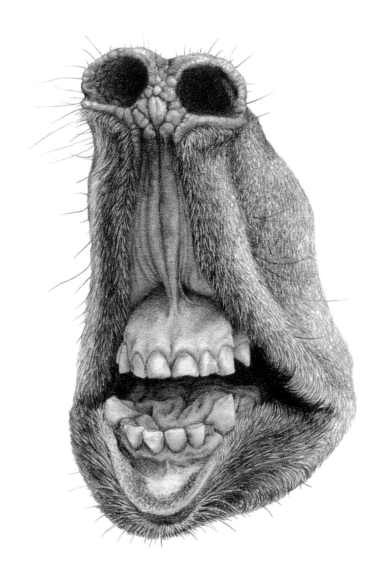

我就是
巴西貘

我的鼻子软又圆

我的鼻子呈灰黑色，微微隆起，上面光秃秃的。乍看之下，你可能觉得它并不起眼。但如果和我那一双精致的、镶着白色绒毛的小圆耳朵，那一身蓬松的毛发，还有我惹人怜爱的小脸蛋儿放在一起时，我立刻就变成了一只会动的毛绒玩具。我平时很温顺，对人没有攻击性，只以桉树的叶子为食。

我几乎是唯一能进食这种树叶的动物，因为大部分动物都无法抵御它的毒性。不过这也有好处，那就是没有人会跟我抢食物了！我还是个大瞌睡虫（一天里有 20 小时都在打瞌睡）。不过，人家爱睡觉是有理由的，因为低热量的食物无法给我提供足够的能量。所以，吃顿饭都能把我累得筋疲力尽。为了消化食物，我可是在挑选和咀嚼上下了不少功夫呢。首先，我会仔细地闻每片树叶，从中挑选出那些最鲜美的，并用锋利的门齿将它们采摘下来。然后我会用臼齿

细细地反复咀嚼，在咀嚼的过程中，我会用舌头将它们捣成均匀的糊糊，先储存在我的颊囊里，等一会儿再咽下去，或是贮存起来留着日后食用。等慢腾腾地把这顿饭吃完后，我也该好好地休息一下啦！

我的视力并不好，但我有非常敏锐的嗅觉，凭借气味就能知道四周是否有敌人，或是哪些雌性进入了发情期，正在寻找配偶。嗯，当然，如果它的育儿袋里已经有小宝宝了，并且不希望被打扰，我也是可以知道的。我要尽量避免无谓的接触，毕竟，我的精力有限，能省一点儿就是一点儿啦。

我的学名字面意思是"有袋的熊"，不过我并不属于熊科，我只生活在澳大利亚的湿润地带，因为那里的气候利于桉树的生长，可以为我提供大量的食物。我是澳大利亚的吉祥物，我与我的好朋友袋鼠一起被称作"有袋类动物"。我们还是澳大利亚

的旅游大使呢。

有了这些线索，你是不是已经知道我是谁了？还不知道吗？没关系，答案就在下一页。

1. 熊科指的是一类哺乳动物，包括熊和大熊猫。

2. 有袋类动物是一个哺乳动物类群，种类繁多，包含的物种有袋鼠、负鼠、袋獾等。它的特点为雌性的乳头位于腹部的育儿袋中，幼崽出生后即转移至袋内。在袋中，幼崽既可以获得舒适温暖的生长环境，又可以时刻攀附母亲的乳头吸食奶水。待幼崽成长到不易遭受攻击并能自主摄食时才会从袋内出来。

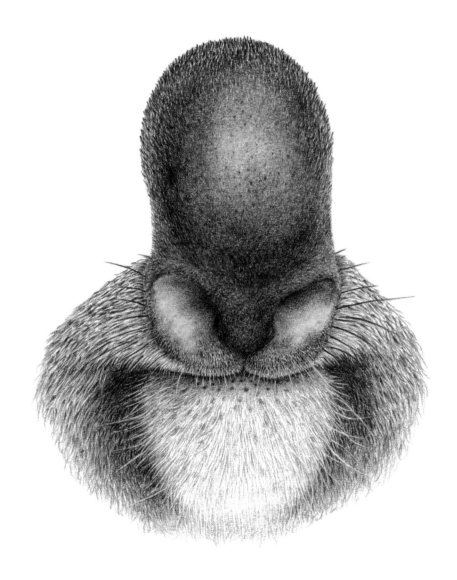

我就是
树袋熊

我的鼻子用处大

我是一种海兽，我的嗅觉仍然十分敏锐，不像鲸和海牛那样已经退化。在我的鼻孔里还有活动的瓣膜，在潜水时关闭，可以阻止海水进入我的鼻子。我不但有两颗明晃晃的大尖牙，还有很多"了不起"的胡须！之所以说它们"了不起"，是因为它们对我的用处实在太大了。这些胡须茂密而坚硬，看起来很普通，实际上都是非常敏感的触须，能帮我把海底的"小小宝藏"挖出来。正因为如此，在我们那儿，女孩子也是有胡须的！当肚子饿时，我就要去我的狩猎场"扫荡"一番了。我会不停地扇动我的鳍，或是用嘴快速地射出一股水柱，以此来搅动海底的泥沙，并将藏在下面的美味翻出来，诸如螃蟹、虾、珊瑚、蛤蜊和蚬子等。接着，我会用鳍把它们的壳打碎，然后猛吸一口，细嫩的肉就会"刺溜"一下滑进我的嘴里了！

我的皮肤是棕褐色的，下面有一层肥肥的膘。随着我一点点变老，我的皮肤会渐渐变成火腿一样的粉红色。我的喉咙处有两个能鼓起的气囊，平时，我会把它们当作救生圈，但在发情期，它们就摇身一变，成了我吸引异性的工具……它们像两个共鸣箱，能够使我的歌声更嘹亮，把周围的漂亮姑娘统统迷住。在浮冰上，小伙子们、姑娘们成百上千地聚集在一起，场面壮观，气氛严肃，因为我们从来不拿爱情开玩笑。

我生活在太平洋和大西洋靠近北极的浅海大陆架上。在水中，我的鳍能让我自如地游动，但在冰面上，我的步伐就略显笨拙了。人们曾为了我的脂肪和牙齿对我大肆捕杀。而今天，我生存的最主要威胁则来自于气候变暖。对我繁衍生息具有重要意义的浮冰正在以惊人的速度逐年减少，就像小说《驴皮记》中那张越变越小的驴皮一样……

你相信吗？世界上真的会有生物用脑袋走路呢！我就是！我有时会借助两颗巨大的犬齿行走。它们就像冰镐一样，深深嵌进浮冰里，把我硕大笨重的身体从水中拽上来。

好了，现在你知道拥有这么多胡须的我是谁了吗？

1. 膘指的是某些动物皮下厚厚的脂肪层（就像我们熟知的猪的脂肪层一样）。

2. 发情（期）指的是某些哺乳动物在一年内可交配，并为交配做好准备的行为（一段特殊时期）。

3. 冰镐指的是一种形如锄头的工具，登山运动员用其抓牢冰面。

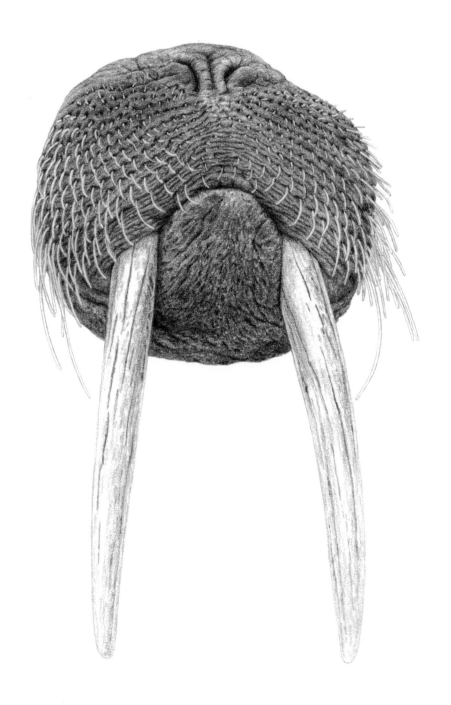

我就是

海象

我的鼻子超灵活

　　我灵活柔软的鼻孔深处隐藏着一对瓣膜，当沙尘暴来袭时，我会将它们完全闭合，既避免沙尘进入，又尽可能保持呼吸道的湿润。我非常适应沙漠生活，并且能够很好地避免身体中的水分流失。

　　我的上嘴唇有两瓣，就像两根灵巧的手指头一样。多亏了它们，我才可以巧妙地挑选食物。我生活的环境十分严酷，在那里，能吃到坚硬难啃的植物就已经很知足了。我并不惧怕食物上面的刺，因为我的嘴里面足够结实。我是一种反刍动物，有34颗结实耐用的牙齿，但这些牙齿用久了就会渐渐磨损，因为我的食物中含有粗糙的沙砾。当我的上嘴唇松弛地耷拉下来、牙齿也磨损得很厉害时，就表明我这一辈子也差不多过完了。

　　我有一个不大不小的"特异功能"，就是能将鼻子呼出的湿气通过嘴唇中间的小沟再吸入。可能你觉得这不算什么，但不要忘了，我生活的地方酷热且干燥，必须最大化地利用水分。我的鼻子通过这样的方法尽可能多地将水分保存在身体里，能完美地适应我所在的自然环境。我还是唯一一种能够在几分钟内狂喝数十升水的哺乳动物。这么多的水都去哪儿了呢？你肯定以为都储存在我背上那个鼓鼓的包里了，但实际上并不是，那个包里面满满地装着我的脂肪堆，能够在需要时转化为水或能量。

　　我通常都是经过驯化的，而我的工作也非常繁重。除了需要载着牧民们的货物穿越沙漠之外，有时，还要挤出新鲜的奶来为他们提供食物。你们可以在北非地区、中东地区、印度和澳大利亚的炎热沙漠中找到我。不过，我们极少处于野生状态哟。

　　还在努力猜我是谁是不是？快翻到下一页揭晓答案吧。

　　驯化是人类把野生生物培育成家养生物的过程。主要包括两个方面：动物的驯化和植物的驯化。犬是人类最早驯化的动物之一。浙江余姚河姆渡新石器时代遗址的炭化稻谷遗存表明，野生稻在很早就被驯化成了栽培稻，这是古代劳动人民智慧的结晶。

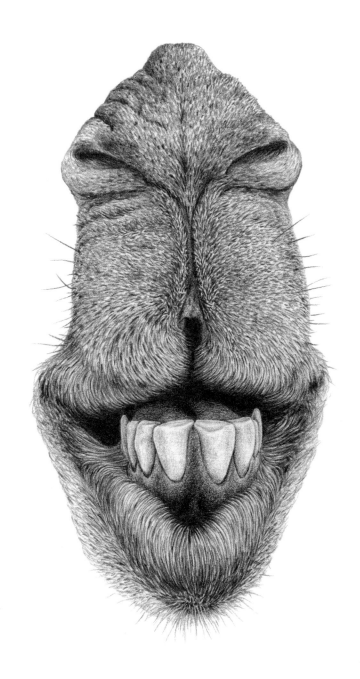

我就是
单峰驼

我的鼻子很"惊悚"

不同于鱼类，我没有能够自由活动的鳃，我圆形的嘴就像一个吸盘，里面布满了锋利的角质尖刺。当我还是幼体的时候，我没有任何攻击性。只会过滤水中的细小微粒作为食物。而当我长大后，我就成了鱼儿们的噩梦，我会寄生在它们的身上，然后……喝它们的血！

当肚子饿时，我就要找一个寄主，一边搭它的便车四处游走，一边吃上一顿美味的"霸王餐"。我会把吸盘一样的嘴紧紧扣在它的身上，接着用粗糙的、满是尖刺的舌头将它的鳞片撕开并扯下来。然后，我就能尽情吸吮它身上的"美味"了！在这时，我会释放一种抗凝血剂，猎物的鲜血就会一直流个不停。这样，我便可以尽可能久地享用这次盛宴了。如此说来，你把我称为"水中吸血鬼"也并不为过。而且，我还得承认，我的脑袋确实不那么好看。

我的身形像蛇一般细长，最长

能达到近1米。我只有一个鼻孔，而且开口是在头顶的两眼之间，是不是够"惊悚"？鼻孔里面也只有一个嗅囊，但是中间由隔膜分成两个空腔。我依靠头部两侧的小鳃孔进行呼吸。这样的小孔每侧各有7个。我的皮肤黏黏的，不像鱼类那样有鳞片保护。唯一的鳍从背部一直延伸至尾部，它能够帮助我在洄游时溯流而上，对抗湍急的水流。如果我累了，我还可以攀附在比较强壮的鱼身上，借助它们的力量到达我的目的地。所以，无论你说我卑鄙也好，精明也罢，我都无所谓。仅仅用一张嘴就帮我解决了吃、住、行三大问题，何乐而不为呢？

我的家乡位于北美洲大西洋的近海沿岸，以及欧洲大部分沿岸地区，包括波罗的海、亚得里亚海以及地中海西部等。在繁殖期，我会溯流而上，游进欧洲沿岸及美国东北部沿岸的河流中。

你现在是不是已经知道我是谁了呢？

1. 鳃孔是鳃的开口。鳃是一些水生动物的呼吸器官，能够吸收水中的氧气。

2. 洄游是某些鱼类等水生动物生命周期中的一部分。其中，溯河性洄游种类在到达繁殖年龄后，便会离开海洋，逆流而上，游进河流的淡水中繁衍生育。当它们的幼体生长至5~7岁时，会按照父母当年的路线原路返回大海，并一直在海中生活直至性成熟，然后再回到河流中。它们各代都遵循这样的规律。

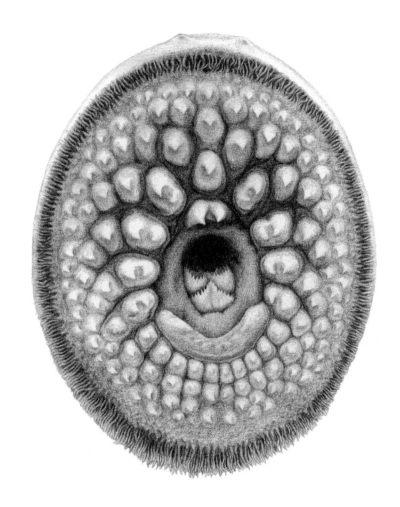

我就是

海七鳃鳗

我的鼻子像恐龙

我是地球上现存最大的蜥蜴，体长2~3米。人们大多认为我是恐龙，大概是因为我走路的姿势很有白垩纪生物的范儿。我的皮肤由骨质的鳞片构成，并形成了一种独特的"锁子甲"结构。如果你想用它来制作一个精美的手提包，或是一双看起来很有异国风情的靴子，对不起，那你可能选错材料了。

我的鼻子也像恐龙，因为鼻腔和口腔分开就是从我们爬行动物的口腔顶部形成硬腭开始的。我还有跟鼻腔分离的发达的犁鼻器，与外界的联系可以通过舌头来完成。像蛇一样，我会不停地吐出舌头来探索周围的环境。我的舌头是黄色的，末端有两个分叉。它就像一个接收器，可以收集空气中的气味分子。一旦这些分子附着在舌头上，我就会把舌头收回嘴里，让气味分子经过我软腭上的感受器到达大脑。然后，我的大脑就会快速分析这些信息，以确定在附近的是

一只山羊，还是一只圆滚滚的野猪。如果我很喜欢某样猎物，我可以将它整个吞下去。这并不是我想要一口吃成个胖子，而是因为我的上下颌具有弹性，能够张开到很大的角度。所以，我不必花精力细致地分拣食物。不过，如果需要的话，我也会用锯子一样的牙齿撕开食物。饱餐一顿之后，我要懒洋洋地晒晒太阳，好好消化一下。

我有一件捕猎的"独门暗器"，那就是我的唾液。当我撕咬猎物造成伤口时，唾液中的毒素会阻止伤口处的血液凝固，猎物会因此大量失血。但仅凭这个还不足以杀死它，我的唾液中还含有大量的致命细菌，能够使伤口感染。所以，不管我的猎物体形有多大，它都会渐渐衰弱，最终死掉。如果它侥幸逃走，我也会保持冷静，跟随着它的气味寻找，最终捡回它的尸体，然后慢慢享用。

作为食腐动物，我完全不介意进食冰冷的尸体。什么？你已经吓得后

背发冷了？要知道，我们有时还会同类相食呢！不过不用担心，我和你们几乎不可能碰面。我只生活在印度尼西亚的个别小岛上，而且我们的数量已经所剩不多了。

尽管我的名字里有个"龙"字，那也不代表我就能吐火。不过，你还是要小心，我的唾液比起火来可是有过之无不及呢。相信你一定猜出我是谁了。

1. 白垩纪是一个非常古老的地质时期，从距今1.45亿年一直到距今6600万年前，在这一时期，恐龙是陆地上的霸主。

2. 凝固指的是液态变为固态的过程。

3. 细菌是由单细胞构成的微生物，可见于地球上所有环境中。一些细菌能够导致疾病，甚至死亡，但也有很多细菌对生物体有益。

4. 食腐动物指的是以腐肉为食的动物，腐肉即死亡动物的尸体。

5. 同类相食指的是动物袭击同类，并吃掉同类个体的行为。

我就是
科莫多龙

我的鼻子很温柔

当西方人在 15 世纪发现美洲大陆时，也一并发现了我，探险家克里斯托弗·哥伦布误把我当成了美人鱼。只不过，我这条美人鱼可是特大号的，毕竟我的体重超过了 600 千克！

人们更愿意称呼我为"海里的牛"，因为我是一种水生的植食性动物。

通常，我都是在沿岸的海底草场中觅食，我柔软宽厚的嘴唇下部可以自由活动，就像两根灵巧的手指，能够抓住海底的水草并连根拔起，送进嘴里。然后，我就能用我强健的臼齿大嚼特嚼了。一些水草质地粗糙，会对我的牙齿造成磨损。不过你不用担心，在我的一生中，牙齿会不断地交替生长，新牙长出来，旧的就被顶掉了。

即便在浑浊的水中，我灵敏的嗅觉以及鼻子上茂密的触须也能帮助我轻松地发现食物。我在生态学上扮演着十分重要的角色，因为我会吃掉海底多余的水草，这有利于当地物种的种群及生态系统的发展。

每隔 3 ~ 4 分钟，我便需要浮上水面呼吸新鲜空气，因为鼻孔位于鼻子上方，所以我无须将头伸出水面便可以呼吸，这样不会引起捕食者的注意。当需要潜入水中时，一个阀门一样的盖子会盖住我的鼻孔，使我可以在水中闭气活动。我没有攻击性，笨笨的步伐和慵懒的体态也让人们对我好感倍增。我生性安静，经常慢悠悠地游来游去，不用担心任何危险。

我时常出没于美洲东部沿海地区，生活在美国佛罗里达直到拉丁美洲以北的温暖浅水中。在野生环境下，我并没有真正的天敌。但人类的捕杀使我的种群岌岌可危，我也因此被保护了起来。我主要的威胁来自海洋污染。船只螺旋桨的意外碰撞，也经常使我的身上伤痕累累。这可一点儿都不酷。

还不知道我是谁吗？哈哈，别叹气啦，翻过这一页，一切就都清楚了！

1. 克里斯托弗·哥伦布是一位欧洲探险家，他发现了美洲大陆及加勒比地区，但他一直以为自己到达的是东方的印度。

2. 生态系统是指在自然界的一定的空间内，生物与环境构成的统一整体。在这个统一整体中，生物与环境之间相互影响、相互制约，并在一定时期内处于相对稳定的动态平衡状态。

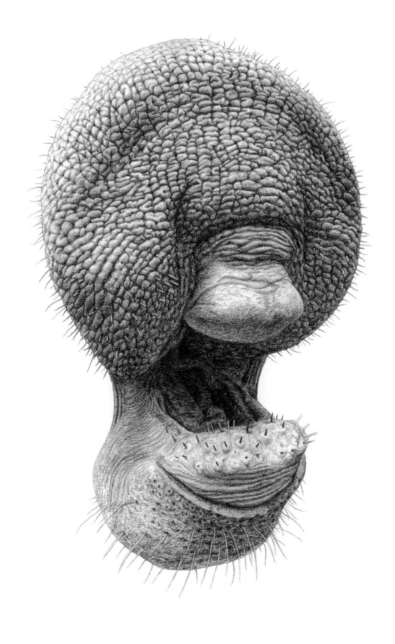

我就是
美洲海牛

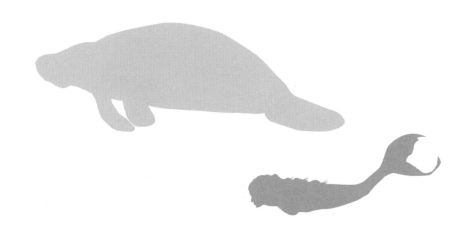

我的鼻子像小丑

我是一种迁徙的反刍动物，通常以30~40只的数量群居。我最显著的特征是像喇叭一样高高隆起的长鼻子。当我逃命的时候，这个平时软塌塌的、小丑一般的长鼻子会随着奔跑的晃动甩来甩去。与我的近亲一样，我速度奇快，能以100千米/小时以上的速度奔跑。你可以想象在那样的速度下，我的长鼻子不停甩动的样子。

如果你觉得我的鼻子很搞笑，想嘲笑我，我并不介意。因为这个奇特的"喇叭"对我来说可是件宝贝，它对于我这种生活在严酷环境下的动物有很大的帮助。草原上的夏天干燥炎热，沙尘肆虐，这时，我鼻孔深处众多的细毛就可以过滤空气中的尘土，使肺部保持清洁。当严冬降临，我吸进的冷空气又能在我弯曲的鼻腔中充分加热，使我从鼻腔一直到肺部都无比舒适。怎么样？我的鼻子这么强大，你们这些小淘气鬼还忍心取笑它吗？当草原上已是寒冬时，我们就会聚集在一起，然后迁往没有被雪覆盖的牧场。

我会根据季节换上不同的毛皮。在夏天，我身上只有一层短短的黄褐色"单衣"，而在冬天，我便会穿回又厚又软的灰棕色"羊绒大衣"。我头顶上竖着两只十分漂亮的角，它们一环一环地螺旋向上，画出一段优美的弧度。反观雌性，它们的头顶却光秃秃的，什么都没有。如果我成功当上了族群的雄性头领，我就会拥有很多雌性配偶。而我本人也时刻准备好保护我的"后宫佳丽"们，因为我可不喜欢有对手来抢我的配偶群！

不过说起来，人们可能会觉得我来自另外一个世界，这么理解其实也不算错，因为我是维尔姆冰期最后幸存下来的物种之一。但不幸的是，如此漫长的时间过后，我还仅仅生活在中亚的荒漠草原及半沙漠之中。现在，我已濒临灭绝。除了夺走成千同类性命的流行病之外，气候变化及人类的过度捕杀都阻碍着我们种群的延续。严冬与酷暑之间，捕杀、偷猎（为了我们美丽的角）以及农业开发造成的栖息地减少像怪兽一般蚕食着我们生存的希望。如果再不加以制止，我们注定会成为你们记忆当中的物种了。

赶快抓紧时间认识我吧。

1. 配偶群即与一只雄性首领有关的一群雌性动物。

2. 维尔姆冰期又称玉木冰期，是末次冰期（阿尔卑斯山区冰期）的最后一个阶段，它的时间段是距今约7万~1.2万年。

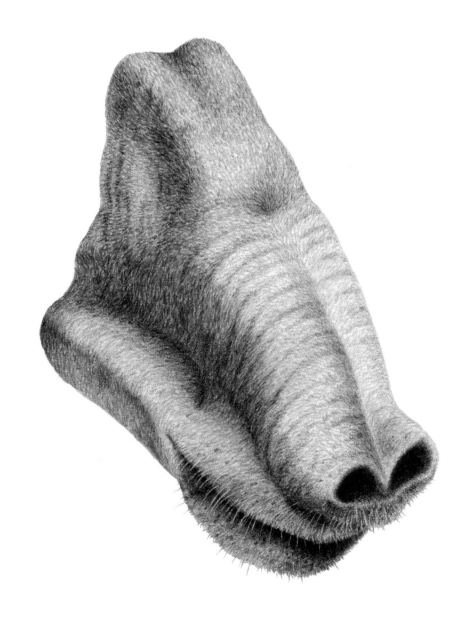

我就是

高鼻羚羊

你都看过了谁的大鼻子呢？

 1. 我的鼻子肥又大

 2. 我的鼻子在高处

 3. 我的鼻子开花了

 4. 我的鼻子像石头

 5. 我的鼻子红通通

 6. 我的鼻子宽又深

 7. 我的鼻子很敏锐

 8. 我的鼻子很气派

 9. 我的鼻子像鸟嘴

 10. 我的鼻子很"恐怖"

 11. 我的鼻子像小手

 12. 我的鼻子软又圆

 13. 我的鼻子用处大

 14. 我的鼻子超灵活

 15. 我的鼻子很"惊悚"

 16. 我的鼻子像恐龙

 17. 我的鼻子很温柔

 18. 我的鼻子像小丑